Frank und Katrin Hecker

VÖGEL

entdecken • kennenlernen • erforschen

Ulmer

Naturführer für Kinder

Hallo, lieber Vogelfreund
und liebe Vogelfreundin,

ich bin **Finn, der schlaue Fuchs**. Bestimmt ist es dir schon oft passiert, dass du einen Vogel entdeckst, den du nicht kennst. Oft wissen auch die Erwachsenen nichts über ihn und können dir nicht weiterhelfen. Dabei ist es immer spannend, über die Tiere um uns herum Bescheid zu wissen!

In diesem Buch zeige ich dir, wie du herausfinden kannst, welchen Vogel du entdeckt hast. Dann geht der Spaß erst richtig los. Denn obendrein verrate ich dir tolle Basteltipps, Rezepte für Vogelfutter und viele Naturwunder rund um den Vogel.

Und nun viel Spaß beim Stöbern und Bestimmen!

Vogelforscher-Wissen

Bunt und schillernd: der Eisvogel.

Singende Dinos

Unter Dinos Schon vor 150 Millionen Jahren, lange bevor der erste Mensch auf der Erde unterwegs war, lebten die Urvögel. Mitten zwischen den Dinos flatterten sie unbeholfen von Baum zu Baum. Richtig fliegen konnten sie wohl noch nicht: Ihr langer Schwanz aus Knochen war zu schwer und ihr Kopf zu groß. Einen Schnabel hatten die Urvögel noch nicht, sondern ein großes Maul mit Zähnen. Doch auch diese Urvögel bauten schon Nester und legten Eier. Sie brüteten die Eier aus und kümmerten sich um ihren Nachwuchs – genau wie unsere Vögel heute.

Zeigt her Eure Schnäbel! Unsere heutigen Vögel haben am Kopf einen Schnabel. Schau dir mal die Schnäbel der Vögeln genauer an: Das sind richtige Werkzeuge. Manche tragen lange Pinzetten am Kopf und manche spitze Dolche. Andere Schnäbel haben scharfe Haken. Es gibt auch welche, die sind wie flache Löffel oder spitze Sägen.

Die spezielle Schnabelform passt dabei immer genau zur Nahrung des Vogels. Vögel fressen Samenkörner, Würmer oder Insekten. Auf dem Speiseplan stehen aber auch Fisch, andere Vögel und Säugetiere.

Getarnt als Rinde Der Eisvogel ist prächtig bunt gefärbt. Baumläufer erkennst du dagegen kaum auf der Baumrinde. Ist das ungerecht?

Nein, schlau! Oft sind die Weibchen ja nicht so hübsch. Dafür sind sie aber sehr gut getarnt! Sie sind es nämlich meist, die auf den Eiern sitzen und brüten. So sind sie für Räuber unsichtbar. Im Winter tragen viele Enten, Möwen und Singvögel ein schlichteres **Winterkleid**. Im Frühling wachsen ihnen pünktlich zur Paarungszeit wieder buntere Federn. Dann sind sie im **Prachtkleid**, mit dem sie ihren Partnern gefallen wollen.

Singen statt Streiten Natürlich haben Vögel auch ein Zuhause. Das kann ein Stückchen Wald sein oder eine Hecke. Auch eine Wiese oder euer Garten sind möglich. Hier baut ein Vogelpaar im Frühling sein Nest, hier sucht es nach Nahrung und zieht seine Küken groß. Dieses Zuhause nennen Vogelforscher **Revier**. Vögel verteidigen ihr Revier gegen andere Vögel. Das machen sie meist ohne Streit: Sie singen einfach. Das heißt: „Dieses Revier ist schon besetzt“. Im Herbst geben die meisten Vögel ihre Reviere auf und schließen sich zu Trupps zusammen.

Am Gesang erkannt!

Meist singen nur die Vogelmännchen. Das machen sie auch, um damit ein Weibchen in ihr Revier zu locken. Jede Vogelart hat ihren eigenen typischen **Gesang**. Gute Vogelforscher können dir mit geschlossenen Augen sagen, wo welcher Vogel sitzt! Mit etwas Übung kannst du lernen, die Gesänge voneinander zu unterscheiden. Sehr hilfreich ist hierfür eine Vogelstimmen-CD.

Störche im afrikanischen Winterquartier.

Vom Nest bis nach Südafrika

Zimmern, Töpfern, Weben Wie, denkst du, sieht ein Vogelnest aus? Ein kleines Körbchen aus Zweigen und Moos im Busch? Stimmt. Aber das ist längst nicht alles!
Manche Vögel töpfern sich ihr Nest aus Lehm. Manche weben sich Kugeln aus Moos oder warme Säcke aus „Samenwolle“. Einige zimmern sich komfortable Höhlen in Holz. Andere leben zur Brutzeit unterirdisch in selbst gegrabenen Gängen und Höhlen.

Aber nicht alle Vögel bauen selber: Manche beziehen lieber fertige Wohnungen. Ganz Freche schummeln ihre Eier in Nester von anderen Vögeln. Dann verdrücken sie sich ganz schnell.

Manche Vögel brüten alleine, ohne störende Nachbarn. Andere wiederum haben gerne Gesellschaft und bauen ihre Nester nah beieinander. Man sagt, sie bilden **Kolonien**.

Nestflüchter und Nesthocker Ihre Nester benutzen viele Vögel nur zum Bebrüten der Eier. Manche Küken sind nach dem Schlüpfen schon sehr weit entwickelt. Sie können ihr Nest gleich verlassen: Sie tragen ein warmes Federkleid aus Daunenfedern. Auch können sie schon laufen, schwimmen und selber nach Nahrung suchen. Sie werden deshalb **Nestflüchter** genannt. Alle Enten sind typische Nestflüchter.

Die meisten Vogelküken kommen aber noch ganz unfertig zur Welt: Sie sind noch nackt, blind und völlig hilflos. Ihre Eltern wärmen sie im Nest und bringen ihnen Futter. Als **Nesthocker** bleiben diese Küken noch einige Wochen in ihrem Nest.

Wo seid ihr im Winter? Viele Vögel schließen sich im Spätsommer zu Schwärmen zusammen. Einige dieser Vogelschwärme verlassen im Herbst ihre Brutgebiete und ziehen in wärmere Regionen. Dort finden sie mehr Nahrung. Diese Vögel nennt man **Zugvögel**.

- **Kurzstreckenzieher** wie unsere Kraniche fliegen nicht weiter als etwa 2 000 km. Wir Menschen bräuchten für diese Strecke zu Fuß etwa 3 Monate – nur für den Hinweg! Kraniche können es in mit Fluggeschwindigkeiten von 50–100 km/h locker in nur einer Woche schaffen. Viele unserer Kurzstreckenzieher überwintern im Mittelmeerraum, zum Beispiel in Italien.
- **Langstreckenzieher** fliegen über 4 000 km weit. Viele, wie etwa der Weißstorch, legen Strecken von 10 000 km zurück. Ihre Wintergebiete liegen in Südafrika.
- **Bei den Teilziehern** fliegen nicht alle in Richtung Süden. Manche überwintern auch in Mitteleuropa.
- **Standvögel** verbringen den ganzen Winter in ihren Brutrevieren oder streifen nur ein wenig umher.
- **Wintergäste** nennt man Vögel, die aus dem Norden zu uns zum Überwintern kommen. Das gibt es tatsächlich auch.

Eine Rupfung im Wald.

Spurensuche

Vögel hinterlassen viele verdächtige Spuren. Mit etwas Übung wirst auch du ganz bestimmt welche finden!

Am häufigsten findet man verschiedene **Federn**. Es ist spannend, herauszubekommen, von welchem Vogel sie stammen. Du kannst dir daraus auch eine richtige Federsammlung anlegen.

Um **Gewölle** (Seite 9) zu finden braucht es etwas mehr Glück. Bei der Suche findest du aber vielleicht eine **Rupfung** im Wald wie der Junge auf dem Foto. Wer war denn hier am Werke?

Viele weitere **Spuren** warten nur darauf, von dir entdeckt zu werden: Im Winter findest du in Astgabeln bestimmt ein verlassenes Vogelnest. Sicher siehst du im Wald einen Baumstamm mit Spechthöhle. Schau auch hinauf in die Baumkronen: Hier oben bauen Mäusebussard und Kolkrabe ihre riesigen Reisignester.

Federsammlung Wenn du die Augen offen hältst, kannst du eigentlich auf jedem Spaziergang Vogelfedern finden. Besonders im Herbst ist die Suche oft erfolgreich: Viele Vögel werfen jetzt nach und nach ihre alten Federn ab. Sie ersetzen sie dann durch neue (man sagt, sie **mausern**).

Für **deine Federsammlung** brauchst du: *Zeichenkarton, Messer, Bleistift, Klarsichthüllen zum Einheften, Schnellhefter und natürlich die gesammelten Federn.*
Mit einem Messer schneidest du in die Mitte des Zeichenkartons zwei Schlitze in einem Abstand von ½ cm. Hier steckst du deine Feder hindurch. Neben die Feder kannst du schreiben, wann und wo du sie gefunden hast.
Vielleicht weißt du ja auch, von welchem Vogel sie stammt. Hierbei hilft dir ein Bestimmungsbuch für Vogelfedern! Nach und nach wächst so eine eindrucksvolle Federsammlung heran.

Speiseplan-Forschung Vögel haben keine Zähne, um ihre Nahrung zu zerkauen. Deshalb schlucken sie vieles, was sie gar nicht verdauen können, etwa die Knochen und das Fell ihrer Beutetiere. Die unverdaulichen Bestandteile ihrer Nahrung spucken sie später einfach wieder aus. Diese zusammengerollten, trockenen Gebilde nennt man **Gewölle**.

Viele Vögel produzieren solche Gewölle: Möwen, Krähen, Graureiher, Greifvögel und Eulen. Sie sind sind sehr interessant: Mit ihnen kann man herausfinden, was ein Vogel gegessen hat. Das lässt sich anhand der Knochen- und Schädelfunde im Gewölle bestimmen.

Für **dein Gewölle** brauchst du: *Schale mit Wasser, Pinzette, Küchenrolle und natürlich ein oder mehrere Gewölle.*
Hast du ein Gewölle gefunden, so weiche es in einer Schale mit Wasser auf. Zerpflücke es vorsichtig mit einer Pinzette und sammle alle Knochenstücke heraus. Trockne sie auf einem Küchentuch.
Ist auch ein Mäuseschädel dabei? Eine Eule speit zweimal täglich ein Gewölle aus. Anhand der Schädel kannst du rechnen, wie viele Mäuse sie an einem Tag gefangen hat.

Bei Vögeln beliebt: Meisenkekse.

Vogelfutter sammeln und kochen

Vögel im Winter zu füttern macht nicht nur den Vögeln Freude. Es ist auch die beste Möglichkeit, wild lebende Vögel einmal ganz von Nahem zu beobachten. In der Natur wird die Nahrung im Winter knapp. Dadurch verlieren viele Vögel die Scheu vor uns Menschen. Sie lassen sich dann nah ans Haus locken.

Aber richtig! Bestimmt kennst du Vogelfutter-Häuschen, in die regelmäßig Körnerfutter gestreut wird. Leider sind die meisten dieser Häuschen gar nicht so gut für Vögel. Viele sind zu groß: Die Vögel hüpfen hier in ihrem Futter herum und beschmutzen es mit ihrem Kot. Dadurch können sich schnell Krankheiten ausbreiten.

Solche Vogelhäuschen müssen deshalb täglich gereinigt werden. Praktischer und gesünder sind alle hängenden Futtergeräte.

Rezept für die Körner-Fettmischung …

Das brauchst du: *1 kg festes Pflanzenfett (Biskin, Kokosfett), 3 Esslöffel Sonnenblumenöl, 1 kg Körnermischung, vielleicht getrocknete Früchte, gehackte Nüsse oder gesammelte Sämereien.*

Erwärme das Fett in einem großen Kochtopf. Ist es geschmolzen, gib die Körnermischung und das Öl hinzu. Koche die Masse einmal kurz auf. Durch das Aufkochen wird die Bildung von Schimmel bei länger gelagertem Futter verhindert. Stelle die Masse zum Abkühlen an einen kühlen Ort, zum Beispiel draußen auf die Fensterbank. Nicht vergessen: Ab und zu umrühren.

Wenn die Masse cremig ist, verarbeitest du sie weiter: Du kannst sie in verschiedene Gefäße füllen oder Meisenknödel daraus formen. Hier sind einige Beispiele:

… für eine **Futterglocke** Das brauchst du: *Einen Tontopf oder eine leere, halbe Kokosnuss-Schale (dann auch einen Handbohrer), feste Schnur, einige Stöckchen, Körner-Fettmischung.*
Für die Aufhängung knotest du ein 2–3 cm langes Stöckchen an ein Stück Schnur. Diese steckst du von innen durch das Loch im Tontopf (in die Kokosnusshälfte musst du vorher ein Loch bohren). Fülle den Tontopf oder die Kokoshälfte mit der Körner-Fettmischung. Stecke ein etwa 10 cm langes Stöckchen hinein. Das dient den Vögeln zum Landen und Festhalten.

… für **Meisenkekse** Das brauchst du: *Plätzchenförmchen, Schnur, Backpapier, Körner-Fettmischung.*
Knote ein Stückchen Schnur an jedes Förmchen und lege sie auf ein Backblech. Fülle mit einem Teelöffel die Körner-Fettmischung hinein und drücke sie fest. Warte eine Nacht lang ab, bis alles hart ist. Dann kannst du die Meisenkekse aufhängen.

Vogelfutter selbst gesammelt und gesät

Gibt es bei euch in der Schule einen Garten für euch? Dann sät hier doch im Frühjahr Sonnenblumen aus. So habt ihr im Herbst einen tollen Vorrat an Sonnenblumenkernen für eure Vogelfutter-Mischung! In freier Natur könnt ihr viele Samen selber sammeln, die Vögel gerne essen: zum Beispiel von Löwenzahn, Brennnesseln, Disteln, Kletten, Mädesüß und Gräsern.

So findest du deinen Vogel im Buch

Was Dir zuerst auffällt, wenn du einen Vogel siehst, ist bestimmt seine **Gestalt**: Ist er zierlich wie eine Meise? Sieht er eher aus wie eine Ente? Oder segelt er mächtig am Himmel wie ein Adler? Je nach Form sind die Vögel in Gruppen eingeteilt, die im Buch eine bestimmte Farbe haben.

Neben der Form ist die **Größe** ein wichtiges Merkmal. Deshalb findest du neben dem Farbbalken immer das Zeichen für die ungefähre Größe des Vogels.

Wann lebt der Vogel bei uns? Das bunte Jahresrad zeigt dir, in welchen **Monaten** du ihn bei uns beobachten kannst.

Finn, der schlaue Fuchs, verrät dir noch mehr: Was kann dein Vogel besonders gut? Wie kannst du seine Eigenheiten entdecken? Vielleicht kannst du ihn sogar im Winter füttern oder ihm im Frühling beim Brüten helfen.

Vögel bestimmen

Haubentaucher

Typisch! Keine Ente, obwohl es von Weitem so aussieht. Mit dünnem Hals und langem, spitzen Schnabel.

Cooles Floß Haubentaucher bauen flache, schwimmende Nester aus Wasserpflanzen – hier kommt so schnell kein Räuber an ihre Brut heran. Die Küken müssen keinen Schwimmkurs mitmachen – sie können schon vom ersten Tag an toll schwimmen und natürlich tauchen! Dabei jagen sie ihre Nahrung: kleine Fische bis zu 12 cm Länge, Wasserinsekten, Kaulquappen und auch mal einen Frosch.

Tanz der Taucher

Im Frühling kannst du sie auf offenen Wasserflächen tanzen sehen! Es beginnt damit, dass Männchen und Weibchen sich kopfschüttelnd ansehen, dann „tanzt" das Weibchen mit gespreizten Flügeln vor dem Männchen und schließlich „tanzen" beide, Bauch an Bauch.

Die Küken reiten „huckepack" bei den Eltern.

Tafelente

Typisch! Kleine Ente. Männchen mit kastanienbraunem Kopf, hellgrauem Rücken und schwarzer Brust.

Immer am Schilf Wo viele Nährstoffe ins Wasser gespült werden und die Ufer von Schilf gesäumt sind, lebt die Tafelente. Ihr Nest versteckt sie im dichten Schilf. Im Mai legt das Weibchen 5–12 Eier, die Küken schlüpfen nach 4 Wochen und verlassen als Nestflüchter (Seite 7) sofort ihr Nest. Tafelenten tauchen nach Muscheln, Insektenlarven und Wasserpflanzen.

Das Weibchen ist schokoladenbraun.

Hüpf und tauch

Hast du schon mal eine Tafel- oder Reiherente auf dem See beobachtet? Sie tauchen mit einem kurzen Sprung ins Wasser. Das ist typisch für die **Tauchenten**. Im Gegensatz dazu stecken die Gründelenten (Seite 17) nur ihren Kopf unter Wasser.

Reiherente

Typisch! Kleine Ente. Männchen mit weißen Seiten und Federtolle auf dem Kopf.

Tolle Taucher Reiherenten brüten an natürlichen Seen, Teichen und sogar an Stauseen – Hauptsache, es gibt genügend Muscheln. Die ertaucht sie sich geschickt vom Grund des Sees: Bis zu 14 m Tiefe schafft sie locker. An einem Tag kann die Reiherente über 1000 Muscheln vom Gewässergrund herauftauchen. Wenn im Winter die Seen vereist sind, fliegt sie auch an die Küste und taucht hier nach Meeresmuscheln.

Essen wie die Dinos

Mit ihrem Schnabel kann eine Ente keine Muscheln knacken. Sie macht es deshalb wie früher die Dinosaurier! Die haben Steinchen verschluckt, die im Magen die harte Kost zerreiben. Diese Magensteinchen waren bei den Dinos bis über 6 cm groß!

Das schlichtbraune Weibchen hat goldgelbe Augen.

Stockente

Typisch! Unsere häufigste Ente. Männchen mit flaschengrünem Kopf, Weibchen schlicht braun gestrichelt.

Köpfchen unter Wasser Stockenten leben auch an den kleinsten Tümpeln. Ihr Nest verstecken sie im dicht bewachsenen Uferbereich. Bei der Nahrungssuche guckt oft nur das Hinterteil der Ente aus dem Wasser, während sie den Grund nach Wasserinsekten und Schnecken absucht. Enten, die so nach Nahrung suchen, werden als **Gründelenten** von den Tauchenten (Seite 15) unterschieden.

Weibchen sind auf dem Nest perfekt getarnt!

Warum sind nur Männchen bunt?

Warum sind die Männchen der Stockente so bunt, die Weibchen nur schlicht braun? Für die Weibchen wäre es gefährlich bunt zu sein. Bräunlich sind sie perfekt auf ihrem Nest getarnt. Die Männchen werben mit ihrem bunten Gefieder um die Weibchen.

Teichhuhn

Typisch! Schwarz mit grünen Beinen, Schnabel rot mit gelber Spitze. Zuckt häufig mit dem Schwanz.

Anpassungsfähig Teichhühner kannst du auf fast jedem Parkteich oder Tümpel beobachten. An ihren Lebensraum stellen sie keine großen Ansprüche und verzehren fast alles, was sie finden: von Pflanzen über kleine Tierchen bis hin zu Brot und Abfällen. Wo sie an Menschen gewöhnt sind, werden sie auch futterzahm. Ihr Bodennest mit 5–11 Eiern verstecken sie am Ufer zwischen Pflanzen.

Wovor flüchtet ihr?

Teichhuhn-Küken sind **Nestflüchter**: Kaum geschlüpft verlassen sie ihr Nest, schwimmen davon und suchen selbst Nahrung. Das geht, weil sie im Gegensatz zu den hilflosen Nesthockern (Seite 7) weiter entwickelt zur Welt kommen.

Die Küken schlüpfen mit dichtem Federkleid.

Blässhuhn

Typisch! Rundlicher schwarzer Wasservogel mit weißem Schnabel und weißem Stirnfleck.

Vielseitig und wachsam Wo Wasser ist, ob als Graben, Teich oder Parktümpel, da fehlt meist das Blässhuhn nicht. Mit nickendem Kopf schwimmt es im Wasser und ruft kaum überhörbar „köw“. Blässhühner sind so häufig, weil sie so vielseitig sind – sie vertilgen Pflanzen, Tierchen und sogar menschliche Abfälle. Weil sie besonders wachsam und wehrhaft sind, brüten andere Wasservögel gern in ihrer Nähe!

Blässhuhn-Küken haben 4–9 Geschwister.

Seeadler-Frühstück

Im Winter verlassen Blässhühner ihre Brutreviere und schließen sich zu Trupps aus hunderten Vögeln auf eisfreien Seen zusammen. Für Seeadler (Seite 40) sind solche Ansammlungen beliebte Jagdplätze – im Sturzflug versuchen sie, ein Blässhuhn zu greifen.

Austernfischer

Typisch! Schwarz-weißer Küstenvogel mit langem roten Schnabel und roten Beinen.

Muschelknacker An der Küste hörst du den Austernfischer schon von Weitem – „kliep kliep“. Laut rufend umkreist er jeden, der es wagt, sich seinen Eiern oder Küken zu nähern. Als Nest scharren Austernfischer einfach eine Mulde in den Boden. Hier sind ihre gesprenkelten Eier hervorragend vor Räubern getarnt. Ihr kräftiger Schnabel dient zum Aufhämmern oder Aufstemmen von Muscheln.

Augen auf beim Strandspaziergang!

Waten im Watt

Der Austernfischer zählt zu den **Watvögeln**. Das sind Vögel mit langem Schnabel und stelzenartigen Beinen, mit denen sie im Schlick und seichten Wasser herumwaten können. Mit dem Wattenmeer hat der Name nichts zu tun, es heißt also **nicht** „Wattvögel“.

Kiebitz

Typisch! Schwarz-weißer Wiesenvogel mit Federtolle auf dem Kopf. Ruft „kiii-uuiet".

Tolle Hochzeitsflüge Kiebitze zeigen den Frühling auf Wiesen und Feldern an! Im März siehst du hier ihre kunstvollen Hochzeitsflüge. Ihre graubraun gesprenkelten Eier legen sie ab Ende März in eine Mulde am Boden. Im Spätsommer sammeln sich die Kiebitze und fliegen in Schwärmen über die Wiesen. Im Herbst ziehen sie nach Südeuropa und Nordafrika, manche überwintern aber auch bei uns.

Der Kiebitz hat breite, runde Flügel.

Ausgemäht

Vögel wie der Kiebitz, die auf Wiesen brüten, werden immer seltener. Das liegt daran, dass unsere Wiesen heute zu stark gedüngt und zu oft gemäht werden. Hier gibt es kaum noch Nahrung für die Vögel und ihre Gelege und Küken werden dabei nicht selten übermäht.

Lachmöwe

Typisch! Kleine Möwe, im Sommer mit schwarzem Gesicht.

Flexibel Sie triffst du praktisch überall da, wo es etwas zu Fressen gibt: an der Küste, an Seen und Flüssen, auf Wiesen und Feldern, wo sie pflügenden Bauern hinterher fliegt, und sogar mitten in Großstädten, wo sie von Abfällen lebt. Oft siehst du sie in lärmenden Trupps um Nahrung zanken. Die Lachmöwe ist sehr anpassungsfähig und kann sich, anders als viele Vogelarten, schnell auf neue Nahrungsquellen umstellen.

Lacht die Lachmöwe?

Hör dir mal die Rufe der Lachmöwe an. Findest du, sie klingen wie ein Lachen? Manche meinen, dass sie daher ihren Namen bekommen hat. Andere sagen, es kommt von der Lache (mit langem „a“) – das ist ein älteres Wort für Binnengewässer, an denen sie brütet.

Winterkleid: schwarzer Punkt im Gesicht.

Silbermöwe

Typisch! Große, häufige Meeresmöwe. Ruft klagend „kjauu“.

Getarnte Küken Die Silbermöwe triffst du das ganze Jahr über. Im Sommer brütet sie auf Meeresklippen, kleinen Inseln und in Dünen, aber auch an Seen im Binnenland. Unüberhörbar sind ihre jaulenden und kläffenden Rufe – „kjauu…kjauu“. Die Küken sehen ganz anders aus als ihre Eltern: Sie sind schmutzig braun gefleckt und haben dunkle Schnäbel und Beine. So sind sie besser vor Räubern geschützt, denn sie können ja noch nicht fliegen!

Die Heringsmöwe: dunkler Rücken, gelbe Beine.

Immer am Dampfer

Wenn du einen Ausflug mit dem Schiff machst, kannst du dabei ganz bestimmt Silbermöwen von Nahem beobachten – nimm einfach etwas altes Brot mit. Silbermöwen sind sehr schlau und haben längst gelernt, dass es hier immer etwas zu futtern für sie gibt.

Gänsesäger

Typisch! Fast gänsegroßer, auffälliger Wasservogel. Männchen kontrastreich schwarz-weiß, Weibchen grau mit braunem Kopf.

Spitze Zähnchen Der Säger ist keine Ente und auch keine Gans! Das verrät schon sein spitzer Schnabel mit vielen, kleinen Hornzähnchen. Damit fängt der Gänsesäger glitschige Fische. Ungewöhnlich für einen Wasservogel: Gänsesäger brüten in Baumhöhlen! Um ans Wasser zu kommen müssen die Küken aus der Höhle springen. Fliegen können sie dabei noch nicht!

Oft im Winter

Im Sommer brüten Gänsesäger heimlich an waldgesäumten Flüssen und Seen, wo man sie höchstens aus größerer Entfernung sieht. Im Winter dagegen sammeln sie sich an der Küste und sogar auf Parkteichen in Städten. Dort kannst du sie aus nächster Nähe beobachten.

Im Freiflug aus der Höhle an den nächsten See.

Kormoran

Typisch! Großer, schwarzer Wasservogel mit langem Hals.

Rabe der Meere Kormorane sind sehr gesellig: Am Meer brüten immer viele dicht an dicht auf Felsen. An Seen und Flüssen bauen sie ihre Nester alle auf demselben Baum. In solchen Kormoran-Kolonien hörst du es mächtig krächzen! Die Küken kommen ganz nackt zur Welt, aber nach einer Woche haben sie feine Daunenfedern. Kormorane fressen nur Fisch und sind deshalb bei Fischern nicht beliebt.

Sieht im Flug aus wie ein fliegendes Kreuz.

Gut getrocknet

Den Kormoran siehst du häufig mit weit ausgebreiteten Flügeln auf Bäumen oder Brückenpfeilern sitzen: So trocknet er sein nasses Gefieder nach dem Tauchen. Dabei kannst du schön Jungvögel von den Alten unterscheiden: Sie haben noch einen ganz hellen Bauch.

Graugans

Typisch! Grau mit orangefarbenem Schnabel.

Wasser und Wiesen Ende März bauen Graugänse ihr Nest im Schilfdickicht. Bald legt das Weibchen Eier und brütet – um das Nest nicht zu verraten, steht das Männchen in einiger Entfernung und passt gut auf sie auf. Nach 3–4 Wochen schlüpfen die Küken. Sie werden von den Eltern gleich auf das Wasser geführt. Gänse sind Vegetarier – sie verzehren ebenso Wasserpflanzen wie frisches Gras.

Nils Holgerssons Gänse

Kennst du Nils Holgersson, der immer Hausgänse ärgerte und schließlich klitzeklein gezaubert auf dem Rücken der Wildgänse Schweden überflog? Die schwedische Autorin Selma Lagerlöf erhielt dafür den Nobelpreis für Literatur und einen Ehrendoktortitel.

Fliegen oft in einem großen „V“.

Kanadagans

Typisch! Große bräunliche Gans mit schwarzem Hals und weißen Wangen.

Aus Nordamerika Ihr Name sagt es schon: Die Kanadagans ist eigentlich in Nordamerika zuhause. Der Mensch brachte sie nach Europa, wo sie sich seither sichtlich wohl fühlt. Denn inzwischen brütet sie wild in vielen europäischen Ländern, von Frankreich über England, Deutschland und Dänemark bis hoch nach Skandinavien. Wo es ihr gefällt, da vertreibt sie leider unsere einheimische Graugans.

Flugbild: langer schwarzer Hals, helle Brust.

Amy und die Wildgänse

In dem Film-Klassiker „Amy und die Wildgänse" weist die 14-jährige Amy ihren handaufgezogenen Kanadagänsen im Ultraleichtflugzeug den Weg gen Süden. Inspiriert wurde der Film vom gewagten Experiment William Lishmans, der dies 1993 in die Tat umsetzte.

Höckerschwan

Typisch! Großer, weißer Wasservogel mit langem Hals und rotem Schnabel.

Angriffslustig Oft siehst du Höckerschwäne mitten in Städten auf Parkteichen. Weil sie so hübsch sind, werden sie gern als Ziervögel gehalten. In freier Wildbahn bauen sie mächtige Nester im Schilf mit einem Durchmesser bis zu 2 m. Eindringlinge, auch Bootsfahrer, greifen sie hier angstfrei an! Schwäne sind Vegetarier, die mit ihren langen Hälsen unter Wasser Pflanzen abrupfen.

Rekord!

Damit Vögel fliegen können, sparen sie Gewicht wo es nur geht: Ihre Knochen sind hohl, ihre Jungen wachsen außerhalb des Körpers in Eiern heran und Federn wiegen fast nichts. Mit bis zu 15 kg Gewicht gehört der Höckerschwan zu den schwersten flugfähigen Vögeln.

Küken: im Märchen das „hässliche Entlein".

Graureiher

Typisch! Storchenartig mit grauem Gefieder. Fliegt im Gegensatz zu Storch und Kranich mit eingezogenem Hals und durchgebogenen (nicht ausgestreckten) Flügeln.

Perfekt versteckt Der Graureiher ist nicht selten und obwohl er fast so groß ist wie ein Storch, kann er sich gut verstecken! Oft ragt nur sein langer Hals aus den Uferpflanzen. Vollkommen starr steht er da, bis er einen Fisch erspäht – dann stößt er blitzschnell zu. Aufgescheucht ruft er heiser „kräich“.

Blitzschnell zugepackt!

Gefährliche Kraxelei

Graureiher bauen ihre mächtigen Nester hoch oben auf Bäumen. Im Alter von 4 Wochen kraxeln die Küken hier oben von Ast zu Ast – dabei können sie noch nicht fliegen! Das wäre etwa so, als würdest du im 3. Stockwerk auf dem Balkongeländer balancieren.

Kranich

Typisch! Größer als ein Weißstorch. Meist sieht man sie fliegend, wobei Kraniche im Gegensatz zum Storch laut trompeten.

Burg im Sumpf Im März kehren Kraniche in großen Trupps hoch am Himmel zu uns zurück. Dabei ordnen sie sich im Flug oft zu einem großen „V“. Den Winter haben sie in Südeuropa verbracht. Kraniche brüten in verschwiegenen Mooren und ungestörten, sumpfigen Wäldern. Ihr riesiges Nest ragt wie eine Burg aus dem Sumpf. Darin schlüpfen meist 2 Küken.

Das große Treffen

Jedes Jahr im Herbst versammeln sich zigtausend Kraniche vor dem Zug in den Süden an traditionellen Plätzen. Der größte mitteleuropäische Sammelplatz liegt an der Ostseeküste bei der Insel Rügen. Hier kannst du täglich bis zu 40 000 Kraniche beobachten!

Fliegt mit weit ausgestrecktem Hals.

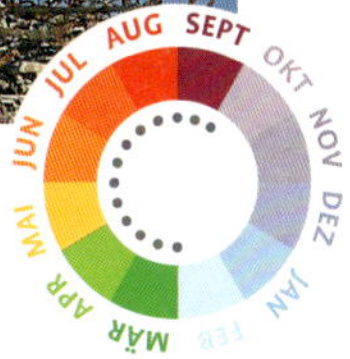

Weißstorch

Typisch! Weiß und schwarz mit langen roten Beinen und langem roten Schnabel.

Leere Wiesen Der Weißstorch hat sich eng uns Menschen angeschlossen: Er brütet auf Schornsteinen und sucht auf unseren Wiesen nach Fröschen, Würmern, Heuschrecken und Mäusen. Und obwohl jeder ihn gern hat, werden es doch immer weniger Störche, weil die Nahrung knapp wird: Zu viele Feuchtwiesen werden trocken gelegt, mit Giften bespritzt, gedüngt und zu oft gemäht.

Störche sind Segelflieger.

Hightech-Störche

Um herauszubekommen, wo Störche den Winter verbringen, befestigen Forscher heute Mini-Sender auf deren Rücken. Sie senden Signale ins All, die per Satellit aufgefangen, zur Erde zurückgeschickt und direkt zur Vogelwarte geleitet werden.

Steinkauz

Typisch! Kleine Eule mit „strengem“ Blick, oft auch tagsüber zu beobachten.

Gesucht: Gute Höhle Diese kleine Eule mag keine Wälder. Der Steinkauz brütet lieber in offenen Landschaften mit einzelnen Bäumen. Ideal sind für ihn alte Streuobstwiesen und Wiesen mit alten Kopfweiden. Hier brütet er in Höhlungen morscher Äste, manchmal auch in alten Schuppen. Auf niedrig bewachsenen Wiesen fängt er Mäuse, Heuschrecken, Käfer und Würmer.

Dieser Kauz hat eine gute Höhle gefunden.

Kleiner Kauz in Not

In Mitteleuropa ist der Steinkauz heute fast überall vom Aussterben bedroht. Von einst vielen tausend Brutpaaren sind nur wenige übrig geblieben. Zu viele alte Bäume wurden gefällt und Schuppen modernisiert. Wo Gift gespritzt wird, findet er keine Nahrung mehr.

Waldkauz

Typisch! Großer Kopf, schwarze Augen und schaurig-schöner Gesang – „hululuIuuuuu-u-u“.

Auch in Städten Der Waldkauz ist unsere häufigste und bekannteste Eule. Fast jeder hat seinen Gesang schon einmal gehört – zumindest im Film, wenn es im Dunkeln gruselig wird. Er brütet in Baumhöhlen oder Nischen im Gemäuer – sogar in Parks und in Gärten. In der Dämmerung fliegt er los, um Mäuse und andere Kleintiere zu erbeuten. Die trägt er im Schnabel zu seinen Küken.

Diese kleinen Käuze sind nicht verlassen!

Bitte nicht retten!

Junge Waldkäuze verlassen ihre Bruthöhle schon im Alter von 4–5 Wochen. Dann tragen sie noch ihr flauschiges Daunenkleid und können noch nicht fliegen. Diese jungen Käuze werden regelmäßig von ihren Eltern gefüttert – also bitte keinesfalls mitnehmen, um sie zu „retten“!

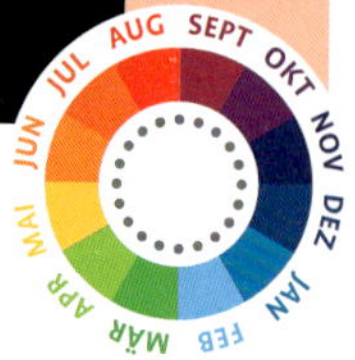

Schleiereule

Typisch! Helle Eule mit herzförmigem Gesichtsschleier.

Kulturfolgerin Die Schleiereule lebt nahe beim Menschen: Sie brütet in Scheunen, Ställen und Kirchtürmen und fliegt auf Mäusejagd über unsere Wiesen. Weil sie sehr kälteempfindlich ist, benötigt sie diese geschützten Plätze auch zum Überwintern. Durch Abriss und Modernisierung solcher Gebäude werden ihre Brutplätze knapp. Und wo Mäuse vergiftet werden, da vergiftet man ganz unbeabsichtigt auch oft die empfindlichen Eulenküken.

Hilfe gesucht!

Mit speziellen Nistkästen ist es vielerorts gelungen, der Schleiereule neue Brutplätze zu schaffen. Eine kostenlose Bauanleitung und viele spannende Informationen zum Schutz der schönen Eule findest du unter www.nabu-hannover.de beim Stichwort „Faltblatt Schleiereule".

Schleiereulen sind auf Nistkästen angewiesen.

Uhu

Typisch! Sehr große Eule mit orangefarbenen Augen und langen „Federohren“. Ruft im Februar und März laut und dumpf „bu-ho“.

Gar nicht so selten Früher bewohnte der Uhu nur dichte Wälder und einsame Gebirgsgegenden. Heute brütet er auch in Steinbrüchen, Kiesgruben und sogar am Rand von Ortschaften. Seine Eier legt er in überdachte Felsnischen oder verlassene Nester von Greifvögeln. Selber baut er jedoch kein Nest. Seine Beute, meist Hasen, Mäuse oder Igel, überrascht er im Flug.

Hier hat ein Falkner einen Uhu abgerichtet.

Unheimlich groß!

Der Uhu ist die größte Eule der Welt. Im Sitzen erreicht er eine Größe von 75 cm. Bis wohin reicht er dir? Streck mal beide Arme aus und miss die Spanne von Fingerspitze zu Fingerspitze. Wenn der Uhu seine Flügel ausbreitet (Flügelspannweite) misst er 1,80 m. Und du?

Sperber

Typisch! Kleiner Greifvogel mit gestreifter Brust. Im Flug mit kurzen, breiten Flügeln und langem Schwanz.

Schlank und wendig Der Sperber ist für rasante Verfolgungsjagden im dichten Wald gemacht: ein wendiger, kleiner Greifvögel, der Singvögel zwischen Gestrüpp und Baumstämmen im Flug erbeutet. Sein Nest baut er meist hoch oben in einer Fichte. Das Sperber-Weibchen ist deutlich größer als das Männchen. Der Sperber ist der „kleine Bruder“ des Habichts.

Am Futterhaus

Anders als der Rotmilan verbringt der Sperber den Winter bei uns. In dieser Jahreszeit kannst du den Greifvogel oft bei der Jagd beobachten: Sperber besuchen auch gern Vogelfutterhäuschen. Meisenknödel mögen sie allerdings nicht, sondern lieber die Meisen.

Kinderzimmer mit Aussicht.

Turmfalke

Typisch! Kleiner, häufiger Greifvogel auf Wiesen und Feldern und mitten in Großstädten. Ruft oft und laut „kikikikiki“.

Stadtfalke Turmfalken benötigen zum Jagen offene Wiesenlandschaften. Hier erbeuten sie Mäuse und Insekten. Zum Brüten brauchen sie Bäume am Waldrand oder Felswände. Wo die fehlen, da nehmen sie auch gern Strommasten und Kirchtürme mitten in der Stadt. Manche dieser „Stadtfalken“ haben sich darauf spezialisiert, nachts auf Insektenfang an Straßenlaternen zu gehen.

Turmfalken siehst du oft im Rüttelflug.

Typisch Falke

Falken kannst du von anderen Greifvögeln am leichtesten im Flug unterscheiden: Nur sie haben so schlanke, zugespitzte Flügel. Typisch Falke ist auch, dass sie keine eigenen Nester bauen: Entweder sie finden eine geeignete Unterlage oder sie beziehen ein altes Krähennest.

Mäusebussard

Typisch! Sehr unterschiedlich gefärbt, ruft klagend „hi-äähh".

Straßenwache Unser häufigster Greifvogel, den du oft im Segelflug über Wiesen und Feldern kreisen siehst. Achte bei der Autofahrt einmal auf die Zaunpfähle entlang der Straße: Darauf sitzt oft ein Mäusebussard, der nach Feldmäusen oder überfahrenen Tieren Ausschau hält! Mäusebussarde bauen ein großes Zweignest hoch oben in Bäumen. Die 2–3 Küken können alle unterschiedlich aussehen, manche Mäusebussarde sind sogar fast weiß!

Was ist ein Greifvogel?

Bussarde, Adler, Falken und ähnliche Vögel sind **Greifvögel**: Ihre Füße sind speziell zum Ergreifen von Beutetieren geformt – mit langen spitzen Krallen. Alle Greifvögel tragen Hakenschnäbel, mit denen sie Stücke aus ihrer Beute herausrupfen können.

Im Flug mit langen, breiten Flügeln.

Rotmilan

Typisch! Im Flug schlanker und eleganter als ein Mäusebussard.

Bringt den Frühling Wenn im Februar wieder der erste Rotmilan über unseren Feldern fliegt, dann ist der Frühling nicht mehr weit. Anfang März bauen die Rotmilane ihr großes Zweignest hoch oben in einer Baumkrone und polstern es sogar mit Lumpen und Plastikfetzen aus. Das Weibchen brütet 4–5 Wochen lang auf den 2 oder 3 Eiern, während das Männchen es mit Nahrung versorgt.

Unverwechselbar: roter, gegabelter Schwanz.

Auch Greifvögel ziehen!

Nicht nur Schwalben und Störche ziehen im Herbst in den Süden – auch viele Greifvögel! Der Rotmilan verbringt den Winter am Mittelmeer und in Nordafrika und kehrt im Februar zu uns zurück. Manche Rotmilane verbringen den Winter auch in Mitteleuropa.

Seeadler

Typisch! Mächtiger Greifvogel, der hoch am Himmel kreist.

Jäger am Wasser Der Seeadler ist unser größter Greifvogel, er ist mit seiner Körpergröße bis zu 92 cm und einer Flügelspanne bis zu 2,45 m größer als Menschen. Ein Paar braucht ein riesiges Brutrevier: zwischen 3 000 und 7 000 Fußballfeldern groß und mit großen Wasserflächen! Hier jagen die Seeadler hauptsächlich Fische und Wasservögel. Das riesige Nest befindet sich hoch oben in alten Bäumen.

Wappenvogel

Hast du schon einmal die Rückseite unserer Euromünzen angeschaut? Jedes Land, in dem es Euros gibt, darf die Rückseite seiner Münzen selbst gestalten. Auf den deutschen Euromünzen findest du den Seeadler – er ist seit 1950 das Staatswappen der Bundesrepublik Deutschland.

Brettartiges Flugbild mit weißem Schwanz.

Fasan, Jagdfasan

Typisch! Das große, bunte Männchen mit seinem langen Schwanz ist unverwechselbar.

Wenig scheu Fasane sind oft wenig scheu gegenüber dem Menschen – daran erkennst du, dass es sich meist um gezüchtete und freigelassene Käfigvögel handelt. Fasane können bei uns aber auch in freier Wildbahn brüten: Das Weibchen scharrt eine kleine Bodenmulde für ihre 8–12 Eier, die sie 3–4 Wochen lang bebrütet. Die Nahrung besteht aus Insekten, Würmern, Schnecken, Kräutern und Früchten.

Das Weibchen ist recht unscheinbar.

Ausgesetzte Käfigvögel

Der Fasan kommt aus Asien. Jäger brachten ihn nach Europa und züchten auch heute noch Fasane in Käfigen. Sie werden freigelassen, damit man sie jagen kann. Im Winter richtet man Futterstellen ein. Selbständig können Fasane bei uns nicht überwintern.

Eisvogel

Typisch! Kleiner, bunter Vogel mit langem Dolchschnabel und kurzen Beinen. Immer am Wasser.

Blauer Pfeil Pfeilschnell flitzt der Eisvogel knapp über die Wasserfläche, landet auf einem Ast, der über den Fluss ragt, und sitzt jetzt ganz still. Da erspäht er unter sich einen kleinen Fisch: senkrecht ins Wasser gestürzt, untergetaucht und … da ist er wieder, mit einem zappelnden Fischchen im Schnabel. Schon saust er wieder davon – und verschwindet in einem Loch an der steilen Uferwand.

Die Unterirdischen

Hier, tief unter der Erde, hat der Eisvogel sein Nest mit hungrigen Küken! Mit Schnabel und Füßen hat er im Frühling einen tiefen Gang ins steile, lehmige Flussufer gehackt und gescharrt. Am Ende liegt die geräumige Bruthöhle. Darin werden 6–7 kleine Eisvögel groß.

Bruthöhle in steiler Lehmwand.

Buntspecht

Typisch! Häufig in Wäldern, Parks und Gärten. Kommt im Winter auch ans Futterhäuschen.

Anpassungsfähig Der Buntspecht braucht keine bestimmte Nahrung wie der Grünspecht und ist nicht auf so gute Wälder angewiesen wie der Schwarzspecht. Er findet immer etwas zu Essen: Entweder hackt er Kleintiere unter der Rinde hervor oder Samen aus Fichtenzapfen. Zum Brüten genügt ihm eine kleine Höhle. Deshalb ist der Buntspecht mit Abstand unser häufigster Specht.

Spechte brüten in Baumhöhlen.

Warum trommeln Spechte?

Das Trommeln des Spechts hat nichts mit Nahrungssuche zu tun und auch nichts mit dem Bau einer Höhle. Damit macht er seinem Spechtnachbarn klar: „Bleib weg – dieses Revier ist schon besetzt!“. Übrigens: Jede Spechtart trommelt anders!

Schwarzspecht

Typisch! Großer (fast krähengroßer), schwarzer Waldvogel mit roter Kappe. Ruft laut „kliööhhh“.

Höhlenbauer Unter allen Spechten ist der Schwarzspecht der beste Zimmerer: Jedes Jahr hackt er sich eine neue Höhle. Seine Höhle vom Vorjahr ist so geräumig und bequem, dass darin gern andere Vögel einziehen, zum Beispiel Eulen, Kleiber und Gänsesäger. Er hackt aber auch, um an Nahrung zu kommen. Unter der Rinde morscher Bäume leben Käferlarven, Ameisen, Asseln und Tausendfüßler.

Gute Wälder

Der Schwarzspecht ist ein Zeiger für gute, naturnahe Wälder. Hier zimmert er in 80- bis 100-jährige Bäume seine Höhle. In morschem Totholz findet er Nahrung. Solche Wälder bieten vielen seltenen und geschützten Tieren Lebensraum.

Typische Hackspuren im Wald.

Grünspecht

Typisch! Grüner Specht mit rotem Käppi. Ruft lachend „kjück-kjück-kjück“.

Grüner Wiesenspecht Der Grünspecht wohnt nicht in Wäldern wie andere Spechte. Nur seine Bruthöhle liegt am Waldrand. Zur Nahrungssuche fliegt er auf angrenzende, sonnige Wiesen. Hier hüpft er am Boden umher und stochert nach Ameisen, die er mit seiner langen, klebrigen Zunge aus ihren unterirdischen Gängen herausangelt. Viele Grünspechte überstehen kalte Winter nicht, weil sie schlecht in gefrorenen Boden hacken können.

Ameisenangeln mit langer Klebzunge.

Selten geworden

Anfang des 20. Jahrhunderts war der Grünspecht vielerorts der häufigste Specht. Das hat sich geändert, seitdem viele alte Streuobstwiesen, die früher an jedem Dorfrand wuchsen, abgeholzt wurden. In modernen Obstbaumplantagen, die mit Giften gegen Insekten gespritzt werden, kann er nicht überleben.

Ringeltaube

Typisch! Ruft 5-silbig „hu-huu-hu-huhu. Massige Taube, im Flug mit breiten, weißen Streifen auf den Flügeln.

Oft gerupft Ringeltauben brüten am liebsten in Nadelwäldern oder in der Nähe von Menschen. In Tierparks, Friedhöfen und auch in Städten mischen sie sich unter die Stadttauben. In Nadelwäldern kannst du häufig ganze Ansammlungen von Ringeltauben-Federn finden, denn sie sind eine begehrte Beute für Füchse und Greifvögel.

Die klatscht!

Wenn du im Wald bist, können dich Ringeltauben gehörig erschrecken: Gut versteckt sitzen sie im Baum und flüchten oft erst, wenn du ganz in ihrer Nähe bist. Dabei fliegen sie plötzlich mit lautem Flügelklatschen auf, das einem das Blut in den Adern gefrieren lässt!

In Wäldern findest du oft Ringeltauben-Federn.

Türkentaube

Typisch! Ruft 3-silbig „hu-huu-hu“. Zierliche, helle Taube mit schwarzem Halbring am Hals.

Eingewandert Im 20. Jahrhundert breitete sich die Türkentaube sehr rasch von der Türkei über ganz Europa aus. Den genauen Grund dafür kennt keiner. Die Türkentaube ist auf jeden Fall sehr anpassungsfähig. Ihr Nest baut sie in Sträuchern, auf Fensterbänken oder mitten im Vogelfutter-Häuschen! In Obstgärten, Marktplätzen und Tierparks findet sie immer etwas Essbares.

Hier nistet eine Türkentaube im Blumenkasten.

Sicher ist sicher

In freier Natur triffst du Türkentauben nur selten. Sie gehen auf Nummer sicher: In der Stadt gibt es nicht nur Nahrung im Überfluss, hier sind sie auch weitgehend vor Feinden wie Greifvögeln und Füchsen geschützt – wenngleich auch diese Räuber heute schon unsere Städte besiedeln.

Kuckuck

Typisch! Im Flug mit spitzen Flügeln und langem Schwanz. Ruft seinen eigenen Namen.

Ganz schön frech! Der Kuckuck lässt andere seine Arbeit tun: Er schmuggelt jedes seiner Eier in ein fremdes Vogelnest. Frisch geschlüpft wirft hier der kräftige Jungkuckuck alle anderen Eier oder Küken einfach aus dem Nest. Nun kümmern sich die Vogeleltern nur noch um ihn. Oft sind sie viel kleiner als der junge Kuckuck! Manchmal fliegt der Schwindel aber auf und die Vögel verlassen ihr Nest.

Kommt aus Afrika

Wenn der Kuckuck im April wieder seinen Namen ruft, kommt er gerade aus Afrika zurück – bis zu 12 000 km ist er zu uns geflogen. Nicht jeder Kuckuck schmuggelt anderen seine Eier unter – viele amerikanische Kuckucke und der afrikanische Spornkuckuck brüten selber.

Seine Stiefgeschwister wirft er aus dem Nest!

Elster

Typisch! Schwarz-weißer Krähenvogel mit sehr langem Schwanz. Ruft „schäck-schäck“.

Klug und anhänglich Viele Leute mögen keine Elstern, weil sie Eier und Küken von Singvögeln rauben. Das machen aber die süßen Eichhörnchen und netten Spechte genauso! Wenn Singvögel selten werden, hat nicht die Elster Schuld, sondern wir Menschen. Wir zerstören die Lebensräume der Vögel. Wer einmal eine Elster groß zog weiß, wie klug und anhänglich diese Vögel sind.

Das Elsternest hat ein Dach gegen Regen.

Wie diebisch ist die Elster?

Man sagt, dass Elstern klauen – am liebsten glänzenden Schmuck. Stimmen diese Geschichten? Sie sind tatsächlich wahr! Vor unserer handaufgezogenen Elster war kein Löffel und keine Schraube sicher. Elstern sind verspielt und neugierig. Sie lieben alles, was glitzert, und stibitzen es blitzschnell weg.

Eichelhäher

Typisch! Hellblaues Flügelfeld. Ruft laut „rähhh“ und warnt so die Waldtiere vor nahenden Menschen.

Ganz schön tüchtig Weißt du, woher der Eichelhäher seinen Namen hat? Von seinem Lieblingsbaum, der Eiche. Im Winter ernährt er sich von ihren Früchten. Dazu legt er im Herbst einen Vorrat an: Bis zu 5 000 Eicheln versteckt er unter Laub und in der Erde. Damit es schneller geht, transportiert er gleich 10 Eicheln auf einmal in seinem dehnbaren Kehlsack.

Der pflanzt Eichen

Findet der Eichelhäher seine versteckten Eicheln denn auch wieder, wenn Schnee liegt? Die meisten schon, aber nicht alle. Aus seinen „vergessenen“ Eicheln wächst im Frühjahr ein neuer Keim, der bald zum Eichenbäumchen wird. So pflanzt der Eichelhäher ganze Eichenwälder.

Im Flug mit runden Flügeln und weißem Bürzel.

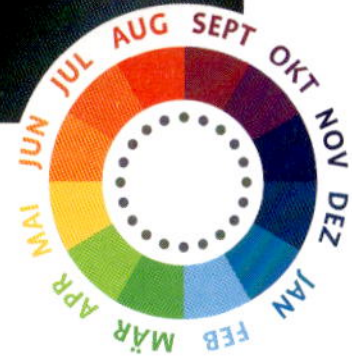

Tannenhäher

Typisch! Lässt sich mit angelegten Flügeln ein Stück weit von Fichtenspitzen „fallen“.

Bewohner der Bergwälder Der Tannenhäher ist in den Nadelwäldern der Berge zuhause. Seine Hauptnahrung sind besonders im Winter die Samen von Kiefern, Fichten und Tannen. Im Herbst hat er, genau wie der Eichelhäher, seine Nahrungskammern damit prall gefüllt. In kalten, schneereichen Wintern kommen Tannenhäher auch in Parks und Gärten. Hier suchen sie nach Nüssen, Beeren und anderen Früchten.

Breite Flügel, kurzer Schwanz, weißer Bürzel.

Die Tasche immer dabei

Was tust du, um gesammelte Früchte zu befördern? Du kannst sie in der Hand tragen oder in einer Tasche. Der Tannenhäher fliegt aber mit seinen „Händen“ und kann deshalb nichts damit festhalten. Er hat immer eine Tasche dabei. Unter dem Schnabel ist eine sehr dehnbare Haut: Sein Kehlsack. Da passt eine Menge hinein.

Dohle

Typisch! Niedlich aussehender Krähenvogel mit hellblauen Augen und grauem Kopf.

In der Stadt ist was los! In Städten gibt es keine spannende Natur? Stimmt nicht! Manche Vögel kannst du sogar fast nur hier gut beobachten, zum Beispiel Mauersegler (Seite 60) und Dohlen! Ursprünglich bauen diese ihre Nester an steilen Felswänden. Unsere Häuser sind ihre „Ersatzfelsen" – und Nahrung finden sie in Städten reichlich. Oft brüten Dohlen neben Tauben auf Kirchtürmen.

Kja kja

Dohlen sind sehr kluge und gesellige Vögel. Im Winter fliegen sie in großen Schwärmen umher – zusammen mit ihren Freunden, den Saatkrähen. Die Dohlen erkennst du in solchen gemischten Schwärmen leicht: Sie rufen hell „kja" und haben die schnelleren Flügelschläge.

Dohlen siehst du oft um Kirchtürme fliegen.

Saatkrähe

Typisch! Im Unterschied zur ähnlichen Rabenkrähe (Seite 54) mit hellem Schnabel. Nur bei Jungvögeln ist der Schnabel noch dunkel.

Verfolgt Saatkrähen brüteten früher in einzelnen Baumgruppen auf Äckern und Wiesen. Hier bauten sie ihre Nester dicht an dicht, denn sie sind sehr gesellig. Man glaubte, sie würden sich zu stark ausbreiten und hat vielerorts ihre Nester zerstört. Jetzt gibt es viel weniger Saatkrähen. Heute brüten sie lieber vor Jägern geschützt in Städten.

Saatkrähen brüten in Kolonien auf Bäumen.

Falsch gezählt!

Im Winter kannst du auf Feldern oft große Saatkrähen-Schwärme beobachten. „Viel zu viele“ meinen viele Jäger und Landwirte. Sie fordern Saatkrähen abzuschießen. Doch diese Vögel sind Gäste aus östlichen und nördlichen Ländern. Sie suchen bei uns Nahrung und sind nicht unsere Brutvögel!

Rabenkrähe

Typisch! Komplett schwarzer, häufiger Rabenvogel. Im Gegensatz zur Saatkrähe (Seite 53) mit schwarzem Schnabel.

Keine Rabeneltern Als Rabeneltern bezeichnet man Eltern, die sich nicht gut um ihre Kinder kümmern. Ausgerechnet auf die Rabenvögel trifft das keineswegs zu! Ihr Nest polstern sie weich mit Moos und Federn aus. Während das Weibchen brütet, wird es vom Männchen bewacht und gefüttert. Nach dem Schlüpfen füttern und wärmen beide Eltern ihre Küken abwechselnd.

Die Nebelkrähe: Rücken und Bauch hellgrau.

Da ist die Grenze

Ziehe einmal auf einer Europakarte mit dem Lineal eine Linie: Von Schleswig-Holstein im Norden der Bundesrepublik bis nach Norditalien. Die Rabenkrähe brütet westlich der Linie und die Nebelkrähe östlich dieser Grenze. Man nennt das **Verbreitungsgrenze** einer Vogelart.

Kolkrabe

Typisch! Mächtiger Krähenvogel mit keilförmigem Schwanz. Ruft laut und trocken „kork-kork".

König der Raben Der eindrucksvolle Kolkrabe wird oft einfach nur „Rabe" genannt. Er ähnelt eher einem Greifvogel als den übrigen Rabenvögeln. Sein großes Nest baut er in Bäumen mit guter Weitsicht oder an steilen Felswänden. Er lebt von toten oder geschwächten Tieren, Eiern und Früchten. Im Frühjahr kannst du die Kolkraben bei übermütigen Flugspielen beobachten.

So groß wie ein Mäusebussard!

Götterbote

Den Indianern Nordamerikas ist der Rabe heilig. Er gilt als weiser Bote zwischen den Göttern und den Menschen. Auch unsere Vorfahren, die alten Germanen, verehrten den Kolkraben. Ihr wichtigster Gott, Odin, hatte stets zwei Raben auf seinen Schultern sitzen: Hugin und Munin.

Kleiber

Typisch! Wie ein kleiner Specht mit orangem Bauch und schwarzem Augenstreif. Ruft laut „twiet-twiet".

Immer am Baum Den Kleiber siehst du an alten Laubbäumen. Hier rennt er Baumstämme hoch und runter – und das sogar kopfüber! Dabei stochert er mit seinem kräftigen Schnabel Insekten und Spinnen aus der Rinde. Im Winter finden Kleiber weniger zu essen. Sie kommen deshalb auch ans Futterhäuschen: Hier holen sie sich am liebsten Sonnenblumenkerne.

Zugeklebt!

Kleiber bedeutet soviel wie „Kleber". Die Vögel brüten meist in alten Spechthöhlen. Dazu müssen sie aber Feinden wie Eichhörnchen und Mardern den Weg in die Höhle versperren: Sie verkleben den Eingang der Höhle so weit mit Lehm, bis sie gerade noch selbst hindurch passen.

Mit Lehm verkleinerter Höhleneingang.

Gartenbaumläufer

Typisch! Sieht aus wie Baumrinde. Klettert mit langem, abwärts gebogenen Schnabel an Baumstämmen.

Getarnt als Rinde Der Gartenbaumläufer lebt in Laubwäldern, Parks und Gärten mit alten Laubbäumen. Der kleine Vogel fällt durch seinen einfachen, flötenden Gesang auf: „Ti-tü-ti-ti-ti“. Mit seinem feinen Schnabel stochert er in kleinen Rindenspalten nach Insekten. Deshalb sieht man ihn fast immer auf Bäumen mit grober, rissiger Rinde. Darin verstecken sich die meisten Insekten.

Das Nest: gut versteckt hinter Rindenritzen.

Zwillingsbruder

In Nadelwäldern und hoch oben in Gebirgswäldern ist sein Zwillingsbruder zuhause – der Waldbaumläufer. Äußerlich sind beide kaum voneinander zu unterscheiden. Am Gesang kannst du sie jedoch leicht unterscheiden: Der Waldbaumläufer singt viel höher und feiner.

Rauchschwalbe

Typisch! Klebt ihre Nester aus Lehm im Gegensatz zur Mehlschwalbe in Ställe und Scheunen.

Ganz nah dran In Mitteleuropa sind Schwalben **Kulturfolger**: Sie haben ihr Leben eng an das von uns Menschen angeschlossen. Statt an Felswänden brüten Schwalben bei uns an Hauswänden. Über unseren Wiesen und Teichen jagen sie nach Insekten. Doch das Leben wird für die Schwalben zunehmend schwierig: Es gibt immer weniger Insekten, offene Ställe und Lehmpfützen.

Abenteuerliche Reise

Im April kommen unsere Schwalben wieder. Dann haben sie gerade eine Zugstrecke von rund 10 000 km hinter sich gebracht: die riesige, trockenheiße Sahara überquert, das Mittelmeer umrundet und die Alpen überflogen. Zielgenau landen sie wieder an ihrem Nest vom Vorjahr.

Langer, gegabelter Schwanz und rotes Gesicht.

Mehlschwalbe

Typisch! Kurzer Gabel-Schwanz und ganz weiße Unterseite. Im Flug fällt der weiße Bürzel auf.

Nest an der Außenwand Baut nicht wie die Rauchschwalbe ihr Nest im Inneren von Ställen. Die Mehlschwalbe klebt ihr Lehmnest draußen an Hauswände. Sie baut es aber immer unter einen Dachüberstand, denn sonst könnte ihr Nest bei Regen aufweichen! Nach der Brutzeit sammeln sich Mehlschwalben oft zu Hunderten auf Leitungsdrähten. Ab August fliegen die Ersten los in Richtung Südafrika.

Nach 2 Wochen schlüpfen die Schwalben-Küken.

1000 Lehmkugeln

Schwalben lieben schlammige Pfützen, denn hier finden sie Lehm zum Bau ihrer Nester. Mit dem Schnabel sammeln sie kleine Lehmklümpchen. Die verkleben sie mit Spucke zu einer schönen, glatten Kugel. Etwa 1000 solcher Kügelchen brauchen Schwalben bis ihr Nest fertig ist.

Mauersegler

Typisch! Ähnlich den Schwalben, aber mit viel längeren Flügeln. Brütet im Gegensatz zu den Schwalben in Großstädten.

Kurz zu Besuch Pünktlich zum 1. Mai kommen jedes Jahr die Mauersegler in unsere Städte. Mit schrillen Schreien jagen sie in der Luft nach Insekten. In kleinen Nischen unter Hochhaus-Dächern bauen sie ihre Nester. Schon im August verlassen uns die Mauersegler wieder, denn sie haben einen weiten Flug vor sich: Mehr als 10 000 km ist ihr Winterquartier entfernt.

Der Zug der Segler

Der Zug der Mauersegler ist gut untersucht: Ab Februar verlassen sie ihre Winterquartiere in Südafrika. Im März treffen sie in Nordafrika ein. Ab Mitte April sieht man ziehende Schwärme am Mittelmeer vor der Küste Spaniens. Gegen 20. April erreichen sie Mitteleuropa.

Jagt wie ein Bumerang durch Häuserschluchten.

Wasseramsel

Typisch! Wie eine Amsel mit weißem Lätzchen. Immer am Wasser.

Ganz klar Saubere, klare Bäche in den Mittel- und Hochgebirgen sind ihr Lebensraum. Hier brütet die Wasseramsel in Halbhöhlen unter Felsvorsprüngen am Bach. Ihr Nest findest du auch versteckt hinter kleinen Wasserfällen und in Nistkästen unter Brücken. Ihre Nahrung sucht sie nur im Wasser. Im Winter ziehen Wasseramseln zu eisfreien, sauberen Gewässern. Dabei kommen sie auch ins Tiefland an größere Flüsse – nur klar müssen sie sein.

Wasseramseln können Schwimmen und Tauchen.

Die unter Wasser fliegt

Wasseramseln haben sich darauf spezialisiert, ihre Nahrung unter Wasser zu suchen. Dazu schwimmen sie mehrere Meter weit und tauchen bis an den Gewässergrund. Hier drehen sie mit dem Schnabel Steine um, denn darunter verstecken sich die Larven von Wasserinsekten.

Bachstelze

Typisch! Kontrastreich schwarz und weiß mit langem Schwanz. Wippt viel mit dem Schwanz.

Überall zuhause Ursprünglich wohnen Bachstelzen an Flussufern. Heute kannst du sie sogar mitten in Städten und auf Fabrikgeländen beobachten. Die Bachstelze ist in der Lage, sich an immer neue Lebensbedingungen anzupassen. Ihre Nahrung, kleine Insekten wie Fliegen und Mücken, findet sie fast überall. An Häusern, Lagerhallen und Brücken gibt es immer ein trockenes Plätzchen für ihr Nest.

Kurze Winterreise

Bachstelzen zählen zu den **Kurz- und Mittelstreckenziehern** unter den Vögeln (Seite 7). Die meisten überwintern in Südeuropa am Mittelmeer. Dort sind die Winter milder als bei uns und es fliegen immer noch Insekten. Manche Bachstelzen ziehen auch bis nach Nordafrika.

Stelzen fliegen wellenförmig.

Gebirgsstelze

Typisch! Überlanger Schwanz, grauer Rücken und gelber Bauch.

Immer am Bach Die Gebirgsstelze brütet immer an Fließgewässern, das sind Bäche und Flüsse. Optimal ist es dort, wo sich Bäche durch halbschattige Wälder schlängeln. Auch sollten größere Steine oder Felsen im Bachbett liegen: Sie benutzt die Gebirgsstelze gern als Sitzwarte. Von hier aus fliegt sie los, um kleine Insekten im Wasser und außerhalb zu fangen.

Baut ihr Nest gern an Brücken und Stauwehren.

Auch im Winter da?

Brütet bei euch am Bach eine Gebirgsstelze? Dann schau doch mal nach, ob sie auch im Winter da ist! Manche überwintern nämlich hier bei uns. Andere ziehen kurze Strecken und sind dann auch an Teichen und Seen zu beobachten. Es gibt aber auch welche, die sogar bis nach Afrika ziehen.

Zaunkönig

Typisch! Mausartiger Winzling. Stelzt oft den Schwanz hoch.

Vogelzwerg als König In vielen Sprachen trägt der Vogelzwerg das Wort „König“ im Namen. Das beruht auf einer alten Fabel: Der Zaunkönig wollte den Adler im Flug übertreffen. So flog er einfach auf dessen Rücken mit in den Himmel. Erst hier ließ er sich los, um noch ein kleines Stückchen höher zu fliegen als der Adler. Doch der Schwindel flog auf und so blieb ihm nur der Titel Zaunkönig.

Königsquiz!

Er ist zwar klein – dafür aber umso lauter. Aus 1 m Entfernung macht er so viel Krach wie ein schwerer LKW! Und er singt sogar noch mitten im Winter. Teste doch mal dein Wissen: Unter www.nabu.de, Stichwort Zaunkönig, findest du ein Rätselspiel über den kleinen König.

Weiches Kugelnest aus Moos als Kinderzimmer.

Rotkehlchen

Typisch! Rot im Gesicht und auf der Brust. Hoher und etwas trauriger Gesang.

Snick-snick Klingt es aus dem Gebüsch, als würde sich da jemand verstecken und zwei Steine gegeneinander schlagen? „Snick-snick“ – das ist der Warnruf des Rotkehlchens! In unaufgeräumten Gärten, Hecken und Wäldern mit viel Gestrüpp fühlt es sich am wohlsten. Seine Nahrung sucht es gern am Boden. Biete deshalb dem Rotkehlchen im Winter Futter in Bodennähe an.

Junge Rotkehlchen sind noch ganz gefleckt.

Rotkehlchen-Unterschlupf

Möchtest du ein Rotkehlchen in den Garten, Schulgarten oder Hinterhof locken? Suche im Herbst eine geschützte Ecke mit Büschen aus. Dort schichtest du eine große Burg aus Reisig und Laub auf. Das ist ein tolles Winterversteck und lädt Rotkehlchen im Frühjahr zum Brüten ein!

Hausrotschwanz

Typisch! Knistert und raschelt auf dem Dach.

Frühkonzert … Er steht schon vor Sonnenaufgang auf, bevor die anderen Vögel erwachen. Dann sitzt er putzmunter ganz oben auf dem Hausdach. Dabei schmettert er seinen ungewöhnlichen Gesang in die Morgendämmerung: Das klingt kratzig, knirschend und raschelnd, so als würde jemand eine sehr knisternde Papiertüte zerknüllen. Den Winter verbringen viele Hausrotschwänze in Indien, China, auf der Arabischen Halbinsel oder auch in Afrika.

… in der Großstadt

Sein ursprünglicher Lebensraum sind die Berge: Hier brütet der Hausrotschwanz in kleinen Felsnischen. Unsere Häuser sind für ihn – wie für Mauersegler (Seite 60) und Turmfalke (Seite 37) – „Ersatz-Felswände“. So kannst du seinen Gesang sogar inmitten von Großstädten hören!

Weibchen: Ähnelt dem Gartenrotschwanz-Weibchen.

Gartenrotschwanz

Typisch! Bunter Vogel der Obstgärten. Singt laut „Jieeehh-jück-jück-jück".

Dem Menschen gefolgt Einst lichtete der Mensch die Wälder und schuf damit offene Flächen für Wiesen und Obstgärten. Dabei folgte der Gartenrotschwanz ihm gerne. Denn hier fand er neben guten Bruthöhlen auch reichlich Insektennahrung. Doch heute ist unsere Landwirtschaft zu intensiv und die meisten Gärten zu eintönig. So ist der Gartenrotschwanz fast überall selten geworden.

Das Weibchen ist graubraun mit rotem Schwanz.

Der richtige Zeitpunkt für Nistkästen

Wo Baumhöhlen fehlen, da nimmt der Gartenrotschwanz auch gerne Nistkästen (s. ganz hinten im Buch) an. Wichtig: Hänge den Nistkasten erst ab Mitte April auf. Da ist der Gartenrotschwanz auch wirklich aus Afrika zurückgekehrt. Sonst ziehen hier vorher Meisen ein.

Nachtigall

Typisch! Der laute, nächtlich vorgetragene Gesang!

Süße Träume Anfang Mai erwarten wir jedes Jahr voller Spannung die Ankunft „unserer“ Nachtigall. Extra für sie lassen wir immer eine besonders „wilde Ecke“ im Garten. Hoffentlich ist ihr auf dem langen Flug nach Afrika nichts passiert! Dann plötzlich: Eines Nachts klingt ein Schluchzen und Flöten durch das offene Schlafzimmerfenster. Sie hat es geschafft! In den nächsten Wochen wird ihr schöner, nächtlicher Gesang unsere Träume begleiten.

Gefahr Vogelzug

Zugvögel haben es im Winter schön warm und sonnig. Was wir oft vergessen: Die lange Reise ist für Vögel lebensgefährlich und viele kehren nicht zurück. Denn in vielen Ländern ist die Jagd auf Zugvögel immer noch erlaubt.
Mehr Informationen findest du unter www.komitee.de.

Braucht zum Brüten gestrüppreiche Verstecke.

Amsel

Typisch! Männchen schwarz mit gelbem Schnabel, Weibchen braun gestrichelt.

Morgenstimmung Ursprünglich war die Amsel ein scheuer Waldvogel. Heute leben die meisten Amseln in unseren Dörfern und Städten – aber hier werden viele Gelege von Katzen entdeckt und geplündert. Geh einmal zwischen März und Mai noch vor Sonnenaufgang hinaus. Dann siehst du auf fast jedem Hausdach ein Amselmännchen sitzen und feierlich singen.

Amselnest – oft ganz nah, doch gut versteckt.

Kostbares Laub

Amseln bleiben im Winter bei uns. Bei Schnee und Frost finden sie aber nur schwer Nahrung im gefrorenen Boden. Willst du ihnen helfen? Dann reche im Herbst das Laub von Wegen und Rasen einfach unter die Büsche. So finden Amseln hier auch im Winter Regenwürmer, Käfer, Tausendfüßler und Schnecken.

Singdrossel

Typisch! Helle Brust mit dunklen Flecken.

Kuhdieb, Kuhdieb! Im Gegensatz zur Amsel leben Singdrosseln lieber in Wäldern als in Ortschaften. Sie brüten aber auch in Gärten. Hier siehst du sie zwar selten, dafür hörst du sie aber umso deutlicher! Die Singdrossel sagt nämlich alles mindestens zweimal. Ein typisches Element in ihrem Gesang ist das laute, oft wiederholte „Kuhdieb, Kuhdieb!“. Ihr Nest baut sie am liebsten in Nadelbäumen und ist deshalb ein häufiger Vogel in Fichtenwäldern.

Landet im Topf

Die nah verwandte Amsel kannst du im Winter auch oft am Futterhaus beobachten. Singdrosseln ziehen aber im Winter ans Mittelmeer. Dort ist es nach wie vor erlaubt Zugvögel zu jagen (Seite 68). Daher landen jedes Jahr im Frühjahr und Herbst viele Singdrosseln im Kochtopf.

An ihrer Schmiede knackt sie Schneckenhäuser.

Wacholderdrossel

Typisch! Grauer Kopf und rotbrauner Rücken. Ruft hart „schack-schack".

Immer im Trupp Wacholderdrosseln sind gesellige Vögel: Oft bauen mehrere Paare ihre Nester im selben Baum. Nähert sich hier zur Brutzeit eine Krähe, ein Eichhörnchen oder auch ein Mensch, so fliegen die Vögel Scheinangriffe. Besonders kurz nach dem Ausfliegen der Jungen werden Feinde auch mit Kot bespritzt. Auch nach der Brutzeit bleiben Wacholderdrosseln zusammen: Im Herbst siehst du sie oft unter Apfelbäumen an Fallobst picken.

Wichtiges Erkennungsmerkmal: grauer Bürzel.

Mal hier, mal da

Ob Wacholderdrosseln den Winter bei uns verbringen oder nicht, entscheiden die Vögel kurzfristig: Je nach Witterung und Angebot an Beeren und Früchten streifen sie mehr oder weniger weit umher. So sammeln sich in günstigen Gebieten zur Zugzeit oft riesige Schwärme.

Star

Typisch! Schillerndes Gefieder. Sitzt oft aufrecht.

Nachgemacht! Wenn im Baum vor eurem Haus ein Rasenmäher rattert oder ein Mäusebussard miaut, dann sitzt bestimmt ein Star in der Baumkrone! Dieser Vogel macht viele Geräusche und Gesänge nach. Meist schon im Februar besetzen Stare wieder ihre Reviere und reservieren sich ihre Bruthöhle vom letzten Sommer. Zur Nahrungssuche fliegen sie auf Wiesen: Hier stochern sie Würmer und Insektenlarven aus dem Boden. Im Herbst fressen sie auch Früchte.

Schläft nicht allein

Schläfst du nicht gern allein? Stare auch nicht. Nach der Brutzeit verlassen sie ihre kuschelige Bruthöhle. Dann sammeln sie sich zu großen Schwärmen und bilden richtige Schlafgemeinschaften. Manche umfassen mehr als 1 Million Vögel! Das ist ein guter Schutz vor Feinden.

Nistkästen werden von Staren gern angenommen.

Mönchsgrasmücke

Typisch! Hat eine dunkle Kappe auf. Flötet laut aus dem Gebüsch.

Grashalme und Spinnweben Oft schwätzt und flötet es anhaltend aus dem Gebüsch. Wenn du keinen Vogel entdecken kannst, dann ist es meist eine Grasmücke. Mönchsgrasmücken zählen tatsächlich zu unseren häufigsten Vögeln. Du triffst sie wirklich fast überall vom Wald über Hecken und Gärten bis mitten in unseren Großstädten. Ihr Nest aus Grashalmen, Wurzeln und Spinnweben liegt gut versteckt in Bodennähe.

Das Weibchen erkennst du am braunen Käppi.

Graue Schlüpfer

Der Name Grasmücke kommt vom Althochdeutschen „Gra – smucka“. Das bedeutet soviel wie „Grauschlüpfer“. Dieser alte Name bezieht sich darauf, dass Grasmücken hauptsächlich unscheinbar grau sind. Sehr oft schlüpfen sie unbemerkt durch das niedrige Gebüsch.

Teichrohrsänger

Typisch! Singt „karre-karre-kiet-kiet-kiet“ aus dem Schilf.

Immer im Schilf Der Teichrohrsänger lebt im Schilf. Zwischen den Stängeln hüpfend und kletternd pickt er nach Insekten. Davon gibt es an Teichen und Gräben ja mehr als genug. Im Mai kehren die Teichrohrsänger zurück in ihre Brutreviere. Dann sitzen sie oft oben an der Spitze der Schilfhalme und knarren ihr monotones Lied. Im Sommer hörst du sie oft die ganze Nacht hindurch singen.

Kunstvoll: Napfnest an Schilfhalmen.

Weite Reise

Teichrohrsänger kommen mit als letzte Zugvögel bei uns an. Die ersten verlassen uns sogar schon wieder ab Mitte Juli. Im November erreichen sie ihre afrikanischen Winterquartiere. Dort müssen sie im März wieder aufbrechen, um pünktlich Anfang Mai wieder bei uns zu sein.

Zilpzalp

Typisch! Kleiner, sehr lebhafter Vogel. Singt seinen Namen.

Erster! Der Zilpzalp kommt meist als erster Zugvogel zu uns zurück. Kaum ist er da, beginnt er auch schon zu singen. Pausenlos geht das so: „Zilp-zalp-zilp-zalp-zilp-zilp-zalp“. Erkennst du einmal diesen Gesang, dann wirst du ihn bestimmt bald überall hören. Denn der Zilpzalp ist einer unserer häufigsten Vögel. Er brütet in Wäldern, Gebüschen, Friedhöfen, Gärten und auch in Städten.

Zwilling: Der Fitis singt aber ganz anders!

Backöfchen

Nestbau ist beim Zilpzalp Aufgabe des Weibchens: Es schafft Materialien wie Halme, Blätter, Moos und Tierhaare herbei. Dazu muss es rund 1 500-mal hin- und herfliegen. Dann verwebt es alles innerhalb von etwa einer Woche zu einem winzig kleinen Backofennest mit seitlichem Eingang.

Blaumeise

Typisch! Blaue Kappe und gelber Bauch. Singt „Ti-ti-tirrrrrrrr". Etwas kleiner als ein Spatz.

Höhle gesucht! Blaumeisen sind eigentlich Waldvögel. Sie brüten in Baumhöhlen. Dort legen sie ihre 9–11 Eier. Alte, morsche Bäume mit guten Höhlen werden leider aus den meisten Wäldern weggeräumt. Deshalb brüten viele Blaumeisen heute in Nistkästen. Ihre Nahrung: kleine Blattläuse und Spinnen. Im Winter kannst du Blaumeisen mit Meisenringen und -knödeln anlocken.

Werkel-Tipp

Willst du, dass eine Blaumeise in deinem Nistkasten (ganz hinten im Buch) brütet? Dann darf das Einschlupfloch nicht größer sein als 26–27 mm. Sonst zieht hier die größere Kohlmeise ein. Befestige den Deckel mit einem Scharnier. So kannst du vorsichtig einen Blick auf Eier und Küken wagen.

Das Ei ist nicht größer als dein Fingernagel!

Kohlmeise

Typisch! Große Meise mit gelbem Bauch und schwarz-weißem Kopf. Ruft „Zi-zi-bääh“.

Fleißig! Ursprünglich brüteten sie in Baumhöhlen. Doch inzwischen bewohnen die meisten Kohlmeisen Nistkästen in unseren Gärten. Auch an der Winterfütterung sind die wenig scheuen und häufigen Meisen meist als erste zur Stelle. Um ihre 7–10 Küken satt zu bekommen, müssen Meiseneltern jede Minute eine Raupe bringen – und das von 5.30 Uhr bis 21.30 Uhr. Insgesamt fliegen sie rund 15 000-mal, bis ihre Küken ausfliegen können.

Ganz schön eng, so ein Kinderzimmer!

Nesthocker

Kohlmeisen-Küken sind echte Nesthocker. Im Gegensatz zu den Nestflüchtern (Seite 7) kommen Nesthocker nur wenig entwickelt zur Welt: Oft sind sie noch ganz nackt und hilflos. Sie sind darauf angewiesen, über Wochen von ihren Eltern intensiv gepflegt und versorgt zu werden.

Sumpfmeise

Typisch! Hellbraune Meise mit schwarzem Käppi und kleinem, schwarzen Kinnfleck. Ruft scharf „piestjä-tjä-tjä“.

Höhlenverstecke Sumpf- und Weidenmeise brüten in Wäldern, in denen alte, morsche Bäume stehen bleiben dürfen. Die Sumpfmeise sucht sich hier eine fertige Höhle – oft von einem Specht. Die Weidenmeise hackt sich ihre Höhle selbst in einen morschen Ast oder Baumstumpf. Ihr Nest polstern sie mit Moos und Tierhaaren aus und legen 7–9 Eier hinein. Nach 2 Wochen schlüpfen die Küken.

Im Winter ganz nah

Im Winter sind die beiden ähnlichen Meisen ganz leicht zu unterscheiden, auch wenn sie gerade nicht rufen. Denn im Unterschied zur scheuen Weidenmeise kommt die Sumpfmeise gern und regelmäßig ans Futterhäuschen. Am liebsten nimmt sie Hanfsamen und Sonnenblumenkerne.

Zwilling Weidenmeise ruft ganz anders.

Tannenmeise

Typisch! Wie eine kleine, blasse Kohlmeise (Seite 77) mit weißem Fleck im Nacken.

Immer im Nadelwald Kaum bist du im Fichtenwald, da hörst du auch schon ihr „wize-wize-wize“. Die Tannenmeise betont immer die erste Silbe. Bestimmt kannst du sie auch entdecken: Meist turnt sie an dicht benadelten Ästen umher. Tannenmeisen brüten in Baumhöhlen oder Nistkästen. Du kannst sie auch auf Friedhöfen, in Parks und Gärten beobachten.

Bald kann ich meine Höhle verlassen!

Zapfenhacker

Im Herbst hacken Tannenmeisen die Samen aus Fichtenzapfen. Die verstecken sie zwischen den Fichtennadeln. Im Winter, wenn kaum noch Insekten und Spinnen zu finden sind, hat sie so immer etwas zu knabbern. Nimm selbst mal einen Zapfen auseinander – wo sitzen die Samen?

Schwanzmeise

Typisch! Kleine Meise mit winzigem Schnabel und überlangen Schwanzfedern.

Spinneneier und Läuse Mit ihrem winzigen Schnabel ist die Schwanzmeise auf Blattläuse, Spinneneier und Mini-Raupen spezialisiert. Die findet sie an den äußersten Zweigspitzen. Da sie federleicht ist, kann sie hier geschickt umherturnen. Ihr langer Schwanz dient ihr dabei als Balancierstange. Ihr Nest ist sehr kunstvoll und aufwendig: Mehr als 2 000 verschiedene Bauteile hat man darin gefunden!

Sie webt ein kunstvolles Nest.

Winterschwärme

Im Winter siehst du Schwanzmeisen oft in Trupps umherziehen. Gemeinsam suchen sie nach Nahrung und kuscheln sich in kalten Nächten dicht aneinander. Gerne besuchen sie auch Futterhäuschen. Du kannst Ihnen ein Gemisch aus Fettfutter und Kleie (Seite 11) anbieten.

Feldlerche

Typisch! „Hängt“ hoch oben am Himmel und tiriliert ausdauernd.

Brüten ohne Erfolg Lerchen brüten in offenen Wiesen- und Ackerlandschaften, in Dünen und auf Ödland. Im Februar kommen die Feldlerchen aus ihren Winterquartieren zurück. Dann singen sie oft minutenlang am Himmel über den Feldern, aber leider immer seltener. Denn die meisten Bruten bleiben heute leider erfolglos. Unsere intensive Landwirtschaft verwendet zu viel Dünger und Gifte.

Im Flug sind die breiten Flügel typisch.

Auf der Roten Liste

Bis in die 1970er Jahre hat niemand über die Feldlerche geredet. Sie war einfach da, überall und extrem häufig. Dann kam es innerhalb weniger Jahre zu dramatischen Bestandsrückgängen um bis zu 90 %. Heute findest du die Feldlerche auf der Roten Liste der bedrohten Vögel.

Neuntöter

Typisch! Männchen mit schwarzer Räubermaske und rotbraunem Rücken.

In dornigen Hecken Neuntöter brauchen offene, sonnige Landschaften mit dichten, dornigen Hecken und vielen Insekten. Hier siehst du sie oft schon von Weitem auf einer Buschspitze sitzen. Entdecken sie am Boden eine Heuschrecke, einen großen Käfer oder eine Eidechse, stürzen sie hinunter und fangen sie. Ihr großes Nest bauen sie niedrig in der Hecke oder in einem Dornenbusch.

Warum heißt du so?

Neuntöter bekamen ihren Namen, weil sie angeblich immer erst 9 Tiere töten und aufspießen, bevor sie eines essen. Das stimmt aber nicht. Manche Tiere spießen sie auf, um sie besser zerkleinern zu können. Andere bewahren sie so als Vorrat für Tage mit schlechtem Wetter auf.

Spießt Nahrungsvorräte auf Dornen.

Grünfink

Typisch! Gelb-grün mit kräftigem Finkenschnabel. Ruft den Anfang seines Namens: „Grüüüüüü“.

Grün und streitlustig Grünfinken bewohnen Landschaften mit offenen Flächen und einzelnen Gebüschen oder Bäumen. Am häufigsten triffst du sie in Gärten, Parks und Siedlungen. Hier beginnen sie schon früh im Jahr mit dem Nestbau. Nicht selten klauen sie sich gegenseitig Material aus den Nestern. Im Winter ziehen sie in Schwärmen umher und vertreiben auch mal andere Vögel vom Futterhaus.

Das blassere Weibchen am Futterhaus.

Gern in der Stadt

In Großstädten fühlen sich Grünfinken richtig wohl, denn sie sind wenig scheu. Wo viele Menschen wohnen, da finden sie auch viel zu fressen. Manche Grünfinken brüten sogar in Balkonkästen. Im Winter sind sie neben den Amseln die häufigsten Gäste am Futterhäuschen.

Buchfink

Typisch! Unser häufigster Fink.

Vogel überall Überall da, wo es Bäume gibt, gibt es auch Buchfinken: in Wäldern ebenso wie in Gärten und mitten in der Stadt. Am auffälligsten ist der Gesang der Männchen: Oft über 1000-mal am Tag schmettern sie ihr „'s-gibt-gibt-gibt-gibt-würzig'-Bier“ aus den Baumkronen. Ihre Nahrung suchen Buchfinken am Boden: Ganz typisch ist dabei ihr trippelnder Gang (vergleiche Hausspatz, Seite 91). Beim Auffliegen siehst du die weißen Flügelabzeichen und weiße Schwanzkanten.

Die Weibchen mögen es warm

Im Winter siehst du häufig Buchfinken im Schwarm mit anderen Finken umherfliegen. Doch es sind fast nur Männchen. Wo sind denn ihre Weibchen? Denen ist es im Winter zu kalt und ungemütlich bei uns. Sie ziehen lieber ein Stück in Richtung Süden.

Schlicht: das Buchfinken-Weibchen.

Erlenzeisig

Typisch! Im Flug mit schwarz-gelbem Flügelmuster.

Chor aus der Erle Schon im Februar kannst du an sonnigen Tagen das fröhliche Zwitschern der Erlenzeisige hören. Meist turnen sie in Schwärmen in unbelaubten Baumkronen herum. Sie singen und picken Samen aus den winzigen Erlenzapfen. Im Sommer triffst du Erlenzeisige vor allem in Fichtenwäldern. Hier ernähren sie sich von Fichtensamen. Ihr Nest bauen sie meist in Fichten.

Winterschwärme sind oft in Ästen von Erlen.

Vogelfutter sammeln

Erlenzeisige kommen im Winter gern ans Futterhaus. Hier nehmen sie am liebsten kleine Sämereien wie Waldvogelfutter. Noch besser: Sammle schon im Sommer Samen von Disteln, Ampfer, Löwenzahn, Mädesüß und Mohn. Bewahre sie bis zum Winter trocken in einem Leinenbeutel auf!

Stieglitz

Typisch! Bunter Fink mit roter Maske. Ruft seinen eigenen Namen: „Stiege-litt“.

Sonne und Samen Der Stieglitz braucht nur einzelne Bäume, in denen er sein Nest bauen kann. Seine Nahrung wächst auf offenen, sonnigen Wiesen. So brütet er gern in Alleen, Obstgärten und Dörfern. Von hier aus fliegt er auf samenreiche Wiesen, auf Ödland und Bahndämme mit Disteln und Kletten. Mit seinem spitzen, recht langen Schnabel pickt er hier geschickt die Samen heraus.

Manche bleiben da

Stieglitze zählen zu den **Teilziehern** (Seite 7): Die meisten ziehen im Oktober nach Südeuropa, einige sogar bis nach Nordafrika. Manche überwintern auch in Mitteleuropa. Da sie nicht weit fortziehen, kehren sie schon im März wieder zurück in ihre Brutgebiete.

Der Stieglitz wird auch Distelfink genannt.

Gimpel

Typisch! Pfeift sanft „diü...diü...“. Mit weißem Bürzel. Wird trotz seiner leuchtenden Färbung oft übersehen.

Fein und leise Gimpel brüten gern in Fichtenwäldern, aber auch in Parks und Gärten. Obwohl es kräftige Vögel sind und die Männchen zudem sehr bunte Federn haben, fallen sie kaum auf. Das liegt wohl daran, dass Gimpel sehr ruhige Vögel sind. Sie streiten selten und singen auch nur fein und leise. Früher waren es beliebte Käfigvögel – sie können nämlich Lieder vom Menschen nachpfeifen!

Das Weibchen hat einen braunen Bauch.

Die knacken Samen

Gimpel haben einen kräftigen, dreieckigen Schnabel. Daran erkennst du, dass sie am liebsten Samen und Knospen abrupfen und futtern. Die harten Hüllen der Samen schälen sie vorher sorgsam ab. Liegen die Samen im Inneren von Früchten, so schleudern sie das Fruchtfleisch weg.

Kernbeißer

Typisch! Der mächtige, helle Schnabel.

Unsichtbar im Sommer Zur Brutzeit ist von ihm meist nicht viel zu sehen – und auch nicht viel zu hören. Nur sein typisches „zick“ aus der Baumkrone. Da oben findet er alles, was er zum Leben braucht: Ein sicheres Plätzchen für sein Nest und reichlich Futter wie Knospen, Bucheckern, größere Samen und sogar Kirschkerne. Im Winter sind die Samen vom Baum gefallen. Dann sieht man ihn auch am Waldboden nach Nahrung suchen.

Er heißt auch „Kirschkernbeißer“.

Besucher am Futterhaus

Am Futterhäuschen fällt der Kernbeißer mit seinem monströsen Schnabel sofort auf. Nicht nur uns, sondern auch den anderen Kleinvögeln. Die halten respektvoll Abstand zu ihm! Als Futter kannst du ihm Sonnenblumenkerne, gehackte Nüsse und Getreide anbieten.

Goldammer

Typisch! Singt „Ich-ich-ich-ich-hab'-dich-liiiieeeeb".

Gold in der Hecke Mittags, wenn die Hitze über den Feldern flimmert, sitzt sie goldgelb auf den Buschspitzen. Hier singt sie ihr monotones Lied. Im Sommer geht die Goldammer wie viele andere Ammern hauptsächlich auf Insektenfang. Insekten enthalten viel Eiweiß – das ist wichtig für das Wachstum der Küken! Im Winter ernähren sie sich hauptsächlich von Sämereien.

Im Flug: gelber Kopf und rotbrauner Bürzel.

Gäste aus dem Norden

Im Winter versammeln sich Goldammern zu kleinen Trupps und streifen gemeinsam umher. Du siehst sie dann auch in Dörfern. Dabei kommen auch Goldammern aus nördlichen Gebieten zu uns. Wenn es sehr kalt wird, ziehen die Trupps weiter in Richtung Süden bis in den Mittelmeerraum.

Feldsperling, Feldspatz

Typisch! Braunes Käppi und schwarzer Wangenfleck.

Männlein oder Weiblein? Beim Feldspatz sehen sich Männchen und Weibchen zum Verwechseln ähnlich! Aber die Jungvögel kannst du unterscheiden: Ihr Wangenfleck ist noch blass. Feldspatzen brüten gern am Dorfrand in Nistkästen und an Wegrändern mit dichtem Gebüsch. Sie ernähren sich von Samen aber auch von Spinnen und Insekten. Besonders gern mögen sie Getreide.

Hunger im Winter

Nach der Brutzeit ziehen Feldspatzen in Trupps umher. Gemeinsam sind sie auf der Suche nach guten Nahrungsquellen. Früher fanden sie auf Höfen und Feldern reichlich Getreideabfälle und auf Ödland genug Samen. Heute fällt es Feldspatzen oft schwer, über den Winter zu kommen.

Der Feldspatz brütet gern in Höhlen.

Haussperling, Hausspatz

Typisch! Die Männchen erkennst du an der schwarzen Kehle. Rufen „tschilp".

Immer in Kolonien Hausspatzen fühlen sich nur wohl, wenn in der Nähe noch mindestens 5–20 weitere Hausspatzen-Paare brüten. Gemeinsam tschilpen und zetern sie den ganzen Tag. Sie baden gern im Sand oder auch im Wasser. Dabei passt immer einer gut auf den anderen auf: Nähert sich eine Katze, fliegt der ganze Schwarm auf. Am liebsten brüten sie in Höhlen und Spalten am Mauerwerk – oft gut versteckt unter Ritzen von Dächern.

Weibchen und Junge: Kein schwarzer Kehlfleck.

Frech und anpassungsfähig

Hausspatzen lieben Straßencafés. Natürlich können sie sich hier nichts selber bestellen. Aber was um die Tische herum für sie abfällt, genügt ihnen vollkommen! Wo immer Tiere gefüttert werden – ob im Tierpark oder die Tauben auf dem Marktplatz – da kommen auch Hausspatzen, meist in Scharen.

Wo im Buch steht was?

T

U

V

W

Z

Bildquellen

Die Umschlagfotos und die Fotos des Innenteils stammen von Frank Hecker bis auf die folgenden:
Wolfgang Buchhorn / Frank Hecker: S. 25; S. 29; S. 33; S. 34; S. 86;
Alfred Limbrunner / Frank Hecker: S. 37; S. 45;
Eckhard Mestel / Frank Hecker: S. 24; S. 30; S. 40; S. 41; S. 43; S. 46; S.85; S. 87.

Die Zeichnungen fertigte Paschalis Dougalis mit Ausnahme der folgenden:
Fariba Gholizadeh: Fuchs-Illustrationen des Umschlags und des Innenteils;
Wiebke Hengst: S. 96

Haftung

Die in diesem Buch enthaltenen Empfehlungen und Angaben sind von den Autoren mit größter Sorgfalt zusammengestellt und geprüft worden. Eine Garantie für die Richtigkeit der Angaben kann aber nicht gegeben werden. Autoren und Verlag übernehmen keinerlei Haftung für Schäden und Unfälle.
Der Verlag Eugen Ulmer ist außerdem nicht verantwortlich für den Inhalt von Links.

Bibliografische Information der Deutschen Nationalbibliothek
Die Deutsche Nationalbibliothek verzeichnet diese Publikation in der Deutschen Nationalbibliografie; detaillierte bibliografische Daten sind im Internet über http://dnb.d-nb.de abrufbar.

Wollgrasweg 41, 70599 Stuttgart (Hohenheim)
E-Mail: info@ulmer.de
Internet: www.ulmer.de
Umschlagentwurf, Innenlayout: Wiebke Hengst, Ostfildern
Lektorat: Ina Vetter, Christine Schneider, Andreas Hutschenreuther
Herstellung: Silke Reuter
Druck und Bindung: Offizin Andersen Nexö, Zwenkau
Printed in Germany

ISBN 978-3-8001-5826-3

Naturwerkstatt Nistkastenbau

Das brauchst du

Material:
- Fichtenbrett, ca. 2,40 m lang, ca. 20 cm breit und 1,7 cm dick (Standardmaß aus dem Baumarkt)
- etwa 20 Nägel, 3,5 cm lang
- drehbarer Schraubhaken
- starker Draht zum Aufhängen

Werkzeug:
- Stichsäge
- Bohrmaschine und Lochbohrer (Durchmesser je nach Größe des Schlupfloches)
- Hammer, Holzfeile und Holzraspel
- Bleistift und Radiergummi
- Zollstock und Lineal

Zeichne den Umriss der einzelnen Teile mit dem Bleistift auf das Brett, Vorsichtshalber nochmals nachmessen! Nun kannst du die Einzelteile aussägen und raue Sägekanten mit der Holzfeile glatt raspeln.

Mit der Holzraspel raust du die Innenwand der Vorderseite auf. So können die Jungen den Kasten später leichter verlassen. Mit dem Holzbohrer bohrst du 4 Löcher (Durchmesser etwa 8 mm) in die Bodenplatte. Sollte es drinnen einmal feucht werden, ist dies die Belüftung.

Sind alle Teile fertig, setze sie einmal zur Probe locker zusammen. Passt alles? Falls nicht, kannst du jetzt die Teile noch nacharbeiten.

Zeichne das Einflugloch auf die Vorderwand auf. Mit dem Lochbohrer wird nun das Einflugloch herausgebohrt. Fehlt dir ein solcher Aufsatz, geht es notfalls auch mit der Stichsäge (erst ein kleines Loch für den Anfang bohren).